SOCIÉTÉ D'AGRICULTURE

ET

COMICE DE L'ARRONDISSEMENT DE MEAUX

QUESTION DES TARIFS DE DOUANES
ET TRAITÉS DE COMMERCE

RAPPORT

Présenté par M. Antoine PETIT

AU NOM DE LA COMMISSION DES QUESTIONS DE TARIF

Et voté par la Société dans sa séance du 15 Février 1879

MEAUX
IMPRIMERIE CH. COCHET
16, RUE SAINT-ÉTIENNE

1879

SOCIÉTÉ D'AGRICULTURE

ET

COMICE DE L'ARRONDISSEMENT DE MEAUX

QUESTION DES TARIFS DE DOUANES

ET TRAITÉS DE COMMERCE

RAPPORT

Présenté par M. Antoine PETIT

AU NOM DE LA COMMISSION DES QUESTIONS DE TARIF

Et voté par la Société dans sa séance du 15 Février 1879

MEAUX

IMPRIMERIE CH. COCHET

16, RUE SAINT-ÉTIENNE

1879

QUESTION

DES

TARIFS DE DOUANES

ET

TRAITÉS DE COMMERCE

RAPPORT

MESSIEURS,

Lorsqu'il y a vingt ans l'échelle mobile disparut pour faire place au régime de la liberté commerciale, l'agriculture française ne s'alarma pas outre mesure. En effet, confiante dans la fertilité de son sol et dans l'excellence de son climat, éminemment favorables à la culture des céréales, et surtout du blé, si, d'une part, elle s'attendait à subir la concurrence de la Russie méridionale et des Provinces danubiennes dans les années de récoltes insuffisantes, de l'autre, elle se sentait rassurée par le voisinage de l'Angleterre, dont les besoins permanents et considérables, devaient procurer un débouché presque inépuisable aux excédants de sa production.

Malheureusement, il n'en a pas été ainsi, et il est aujourd'hui avéré que la France, ne se suffisant pas à elle-même, a dû s'adresser à l'étranger pour combler le déficit de ses récoltes : les statistiques des dix dernières années ne nous laissent aucun doute à cet égard, et si, dans cette période, les années 1869 et 1875 se sont soldées par un excédant d'importations de 4 à 5 millions d'hectolitres pour les deux années réunies, il n'en reste pas moins acquis que les importations ont dépassé les exportations de 50,000,000 d'hectolitres, d'une valeur approximative d'un milliard.

Cet état de choses s'est singulièrement accentué depuis trois ans, et l'année 1878, qui compte parmi les plus médiocres du siècle, a vu les importations étrangères atteindre un chiffre qui, en dépassant toute mesure, est venu compromettre de la façon la plus grave les intérêts de l'agriculture, et lui inspirer sur son avenir les plus légitimes inquiétudes.

En effet, notre moisson n'était pas terminée que nos ports regorgeaient de blés américains et que nos marchés se trouvaient envahis, au point que, voyant renverser toute espèce d'équilibre entre l'offre et la demande, nous sommes arrivés à ce singulier résultat de vendre nos produits d'autant moins cher que notre récolte a été moins abondante.

Déjà, dans la séance du 25 janvier 1870, M. Pouyer-Quertier appelait l'attention de ses collègues de la Société des Agriculteurs de France sur la situation faite à tous les produits agricoles par la législation nouvelle, et démontrait la nécessité d'avoir recours à des droits compensateurs de la concurrence redoutable de l'étranger. Dans la même séance, M. Foucher de Careil, vivement impressionné par un récent voyage aux Etats-Unis, venait, dans un très-remarquable discours, exposer à la Société des Agriculteurs de France les craintes que lui inspiraient pour l'avenir agricole de l'Europe, et de la France en particulier, les énormes ressources que présentait cette contrée pour la culture des céréales, ressources que la terminaison de la guerre allait lui permettre d'utiliser, et qui à une époque dont il était facile de prévoir le prochain avènement mettrait le commerce à même de nous expédier le blé dans des proportions incalculables, et surtout à des prix bien inférieurs à ceux de nos pays.

La lecture de ce discours, au bout de dix ans de date, est saisissante d'actualité, et malheureusement les prévisions de l'auteur, quelque peu traitées de chimériques en 1870, ne se sont pas seulement réalisées, mais elles sont aujourd'hui en voie d'être largement dépassées.

Tout concourt en effet à assurer à l'Amérique une production illimitée et dans des conditions de bon marché auxquelles il ne nous est pas possible de prétendre.

Sans parler de la valeur du terrain, qui est presque nulle, les cultivateurs américains se trouvent en présence d'un sol vierge, d'une exploitation facile et d'une fertilité telle qu'il n'est pas rare de rencontrer des fermes où depuis quinze ans les mêmes champs donnent 35 hectolitres à l'hectare, sans avoir reçu de fumure, et l'on constate sur le San-Jouquin seize récoltes de blé consécutives sur la même terre et sans diminution appréciable.

Les progrès de la science leur ont donné à bon compte des machines admirables pour toutes les opérations de l'année, et le grand auxiliaire c'est le climat : dans certaines contrées, et notamment en Californie, des sécheresses consécutives pendant cinq mois de l'année leur permettent de procéder en toute sécurité à leurs moissons; les battages s'accomplissent en plein air, et les piles de sacs attendent sans crainte de dommage le passage des navires destinés à les diriger vers l'Europe.

En dehors d'un réseau complet de lignes ferrées, d'immenses et persévérants travaux ont permis d'utiliser les puissants cours d'eau qui sillonnent les Etats-Unis et toutes les difficultés que présentait la navigation ont aujourd'hui presque totalement disparu.

Dans ces conditions, et d'après des renseignements très-sérieux, le prix de revient du blé sur navire prêt à partir pour l'Europe serait de 10 francs environ l'hectolitre : ajoutant à cela le profit du commerçant et des intermédiaires, on arrive à un prix de 10 francs 50 à 11 francs l'hectolitre de 80 kilos environ.

Si, maintenant à ce chiffre de 11 francs pour le blé, on ajoute 3 francs pour le fret et 60 centimes de douane, on arrive à un chiffre qui ne peut guère être supérieur à 20 francs les 100 kilos rendus en France.

Il est bon d'ajouter qu'aux Etats-Unis d'immenses plaines, qui, jusqu'à ce jour, n'ont produit que du maïs, sont également aptes à la culture de toutes les céréales.

Voici maintenant comme point de comparaison, le prix de revient du blé dans nos pays.

La récolte moyenne pour toute la France étant de 15 hectolitres de 75 kilos ou 11 quintaux 25 kilos s'élève dans le département de Seine-et-Marne à 24 hectolitres ou 18 quintaux par hectare, dont le prix de revient adopté par votre commission, sur les indications de M. Buignet, se décompose ainsi :

Le prix moyen de la location d'un hectare est de 100 francs. . . . . 100 fr.

A reporter. . . . . . 100 fr.

Report. . . . . 100 fr.

Fumure. Il est d'usage de mettre par hectare 45,000 kil. de fumier de ferme, lesquels portent toujours une récolte sarclée, betteraves, pommes de terre, etc. La valeur de cette fumure est de 500 francs (11 francs les 1,000 kil.). . . . .

Je fais supporter 50 0/0 de cette dépense à la récolte sarclée, 30 0/0 à celle de blé et les 20 0/0 qui restent aux récoltes qui suivent.

Le fumier pour le blé est donc d'une valeur par hectare de. 150

Pour assurer la récolte, il faut ajouter de l'engrais du commerce. 80

Il faut compter un labour, un hersage. . . 50

Semence : 250 litres de blé de choix, à 30 francs l'hectolitre, compris chaulage ou sulfatage. 75

Semage au semoir. 4

Roulage au printemps, façon indispensable. 4

Souvent, après un hiver rigoureux, il faut resemer des blés au printemps, bien que cette dépense puisse se présenter une fois sur cinq années, je ne l'apprécierai pas. Part des frais généraux pour un hectare (fumier, marnage, drainage, assurances, etc.). 20

Tilles et liens, par hectare. 5

Battage de 24 hectolitres compris criblage, à 2 francs. 48

A reporter. . . . . . 536 fr.

Report.	536 fr.
Conduite du grain au marché ou au moulin.	10
Intérêts annuels du capital d'exploitation.	25
Coupe et liage d'un hectare de blé (en 1878 cette façon a coûté 60 francs l'hectare). . .	45
Rentrée à la grange ou en meule 800 gerbes environ..	18
	634
De cette somme, il faut déduire le prix de 750 bottes de paille de 5 à 6 kil. à 20 francs.	150
Il reste donc 484 francs	484 fr.

qui, divisés par 18 quintaux, donne un prix de revient de 26 fr. 90 c. par quintal dans notre département.

A la suite de la désastreuse récolte de 1878, nous sommes loin, Messieurs, de ce chiffre moyen de 26 fr. 90 c., puisqu'aujourd'hui, sur nos marchés, le prix du blé varie de 20 à 25 francs le quintal. Chacun de vous peut donc apprécier l'étendue des pertes que ces fâcheuses conditions imposent à l'agriculture française.

En présence du morcellement toujours en progrès de la propriété, en présence du taux actuel des fermages et de l'impôt qui, dans notre département, s'élève au cinquième du revenu; en considération de l'augmentation perpétuelle de la main-d'œuvre et des salaires, aussi bien que de la valeur commerciale de toutes les matières fertilisantes en usage aujourd'hui, votre commission ne peut que constater l'impuissance où nous sommes de supporter la concurrence étrangère, ni d'abaisser le prix de revient de nos céréales et du blé particulièrement.

Voyons maintenant si l'industrie du bétail qui nous est proposée comme un remède à nos maux, et qui tient déjà une si large place dans nos fermes, doit sans imprudence y recevoir un plus grand développement.

La concurrence que nous font les Etats-Unis ne s'applique pas seulement aux céréales; l'élevage du porc, corollaire de la production illimitée du maïs, a fait dans ce pays des progrès tels, qu'à Chicago, par exemple des établissements industriels convertissent chaque jour en viandes salées des milliers de ces animaux, qui arrivent sur les marchés européens au prix de 90 centimes à 1 franc le kilog.

Il ne s'agit que de jeter les yeux sur nos mercuriales pour y constater l'avilissement qu'a subi la viande de porc par toute la France comme conséquence de ces importations.

Une autre branche de notre industrie agricole, la laine, cette laine mérinos dont la production prit naissance il y a moins d'un siècle, dans notre pays même, dans la Brie, et donna à notre agriculture une impulsion qui inaugura l'ère de tous les progrès accomplis jusqu'à nos jours, cette branche de notre industrie a complétement cédé la place aux laines du Cap, de la Plata, et surtout de l'Australie, où les moutons se comptent par millions et augmentent dans des proportions qui confondent l'imagination. En un mot, Messieurs, l'importation des laines, qui, en 1820, ne dépassait pas un chiffre de 5,000,000 de kilogrammes, se trouve avoir atteint, en 1878, celui de 345,000,000 de kilogrammes.

Nos animaux de boucherie ne sont pas plus privilégiés : l'Allemagne, la Russie, la Hongrie, les Provinces danubiennes, nous expédient régulièrement leurs moutons, qui, sur le seul marché de La Villette, atteignent le chiffre de 20,000 par semaine ; tandis que les bœufs de la Haute-Italie approvisionnent le Midi et arrivent jusque sur le marché de Lyon, aux confins même du Charolais.

Voici donc les deux principales industries agricoles de notre pays, les céréales et l'éducation du bétail, industries que le climat et le sol de la France nous imposent pour ainsi dire, menacées comme on ne l'a vu à aucune époque.

Est-ce à dire, Messieurs, que cette situation déplorable n'est qu'une crise passagère, dues à l'influence de mauvaises récoltes, ou à des circonstances atmosphériques que les hommes ne peuvent conjurer.

C'est ce que le tableau suivant, que je dois à l'obligeance de M. Bénard, nous mettra à même d'apprécier.

L'administration des douanes vient de publier les tableaux du commerce de la France pendant l'année 1878, comparée aux deux précédentes années.

	IMPORTATIONS	EXPORTATIONS
1876,	3,988 millions	3,575 millions
1877,	3,669 »	3,436 »
1878,	4,460 »	3,369 »

Soit, pour l'année 1878, une importation supérieure aux exportations de près d'un milliard.

Voici le détail des importations dans ces trois dernières années :

	1876		1877		1878	
Grains et farines,	239	millions	206	millions	577	millions
Vins,	25	»	29	»	62	»
Eaux-de-vie,	8	»	11	»	14	»
Sucres,	101	»	121	»	110	»
Bestiaux,	156	»	178	»	240	»
Viandes fraîches et salées,	29	»	42	»	71	»
Graisses,	48	»	52	»	86	»
Fromages et beurres,	36	»	31	»	35	»
Chevaux,	18	»	18	»	25	»
Laines,	285	»	322	»	345	»
Lin,	50	»	97	»	76	»
Graines oléag.	89	»	99	»	115	»
Bois de construction,	130	»	150	»	165	»

EXPORTATIONS

	1876		1877		1878	
Grains et farines,	146	millions	190	millions	58	millions
Vins,	211	»	240	»	208	»
Eaux-de-vie,	105	»	62	»	67	»
Œufs,	45	»	37	»	36	»
Beurre,	102	»	96	»	86	»
Houblons,	13	»	4	»	4	»
Lin,	13	»	15	»	12	»
Chevaux,	19	»	19	»	10	»
Bestiaux,	10	»	10	»	10	»
Fruits de table,	30	»	37	»	35	»

En un mot, augmentation énorme des importations de grains, vins, bestiaux, viandes, laines, et diminution d'exportations sur les eaux-de-vie, les beurres, les œufs, etc.

D'un autre côté les compensations que l'on faisait miroiter aux yeux des agriculteurs quand furent préconisés les principes du libre-échange, compensations basées sur les bas prix auxquels ils devaient pouvoir se procurer les machines, métaux, engrais, etc., ces compensations ne leur ont pas été accordées, ils ne sont plus protégés, et l'industrie l'est toujours.

L'agriculture française, si gravement atteinte par l'invasion de 1870, a supporté courageusement ses pertes, et, grâce au travail de nos cultivateurs, la France a pu se relever avec une rapidité merveilleuse et supporter non-seulement les charges qui l'ont momentanément écrasée, mais encore, depuis cette époque, faire face à un budget de quatre milliards, en y comprenant les charges locales.

A peine remise de si terribles secousses, une invasion d'un autre genre vient renouveler toutes ses inquiétudes et remettre en question son existence. Elle luttera dans la mesure de ses forces ; elle demande à ne pas être complétement désarmée, c'est-à-dire à ne pas se voir écraser par l'augmentation de la production agricole et industrielle de pays nouveaux, tels que les États-Unis et l'Australie, augmentation qui est destinée à s'accroître progressivement et dans d'effrayantes proportions.

Telle a été, messieurs, la pensée dominante de votre commission dans sa réunion du 8 février.

Pénétrés de la nécessité de sauvegarder les intérêts

si menacés de l'agriculture, les membres de la commission, à l'unanimité, ont été d'avis que, dans la rédaction du tarif général des douanes et la négociation des traités de commerce, les produits agricoles et notamment les plus importants de tous, la production des céréales et le bétail, devaient être placés sur le même pied que les produits de l'industrie, et que l'obligation de faire équilibre à la concurrence étrangère réclamait l'application de droits compensateurs fixes, aux produits similaires exotiques.

La Commission s'est demandé alors s'il était à propos de fixer immédiatement le chiffre des droits à appliquer aux produits étrangers, ou s'il n'était pas plus opportun d'en réserver l'initiative aux pouvoirs publics.

Chacune de ces deux propositions ayant été discutée, la Commission a jugé qu'à la veille des importantes négociations qui vont s'ouvrir sur cette question, il était peut-être imprudent, et dans tous les cas prématuré, de fixer des chiffres qui pourraient être insuffisants ou inexacts, et qu'il était préférable de laisser au Gouvernement, qui va s'entourer de documents nombreux et sera saisi de communications importantes qui lui permettront d'approcher le plus près possible de la vérité, toute la latitude possible à cet égard, l'essentiel étant de fixer et de bien établir la question de principe.

Cette seconde proposition ayant donc définitivement prévalu, votre Commission vous propose d'adopter les conclusions suivantes :

« La Société d'Agriculture et Comice de l'arrondissement de Meaux émet les vœux suivants :

1° Que dans la rédaction du tarif général des

douanes et la négociation des traités de commerce, le gouvernement tienne compte, en ce qui regarde les produits agricoles et spécialement les céréales, les animaux sur pied et les viandes de toute nature, des charges qui pèsent sur la production nationale et en élèvent nécessairement le prix de revient, et se préoccupe également de la situation privilégiée de certains pays étrangers dont les avantages peuvent détruire le juste équilibre de la concurrence internationale ;

2° Qu'au moyen de droits compensateurs fixes, basés sur le prix de revient des produits agricoles français, comparé à celui des produits similaires de l'étranger, le Gouvernement mette l'agriculture à l'abri des désastres qui la menacent ;

3° Que l'agriculture, au point de vue des avantages résultant des tarifs de douane, soit placée sur le même pied que l'industrie, et que le principe de la réciprocité avec les pays étrangers soit sérieusement appliqué. »

Pour extrait conforme au procès-verbal des délibérations de la Société,

Le Secrétaire, *Le Président,*

E. de Lignières. A. de Moustier.

Meaux. — Imprimerie Ch. Cochet, 16, rue Saint-Étienne.

www.ingramcontent.com/pod-product-compliance
Ingram Content Group UK Ltd.
Pitfield, Milton Keynes, MK11 3LW, UK
UKHW020413250726
13967UKWH00006B/2632

9 782013 375092